PLAN

D'UN COURS

DE CHYMIE

EXPÉRIMENTALE

ET RAISONNÉE,

AVEC

ɪN DISCOURS HISTORIQUE

SUR LA CHYMIE.

Par M. MACQUER, Docteur Régent de la Faculté de Médecine en l'Université de Paris, de l'Académie des Sciences, &c. & M. BAUMÉ, Maître Apothicaire de Paris.

A PARIS,

Chez JEAN-THOMAS HERISSANT, Libraire, rue S. Jacques, à S. Paul, & à S. Hilaire.

___

M. DCC. LVII.

Avec Approbation & Privilege du Roi.

APPROBATION

De M. MALOUIN, Docteur en Médecine de la Faculté de Paris, de l'Académie des Sciences, & Censeur Royal.

J'Ai lu par ordre de Monseigneur le Chancelier un Manuscrit qui a pour titre, *Plan d'un Cours de Chymie, & un Discours, &c. par M. Macquer, Docteur Régent, &c. & M. Baumé, Maître Apothicaire :* je n'y ai rien trouvé qui puisse en empêcher l'impression. Donné à Paris ce 19 Novembre 1757.

MALOUIN.

ERRATA.

Pag. 25. lig. 4. *tilicum*, lis. *silicum.*
Pag. 72. lig. 14. la plus, *lis.* la partie la plus,

DISCOURS

DISCOURS

HISTORIQUE

SUR

LA CHYMIE.

L'HISTOIRE des Scien-
ces eſt en même-tems
celle des travaux, des ſuccès, & des écarts de ceux qui
les ont cultivées; elle indique les obſtacles qu'ils ont
eu à ſurmonter, & les fauſſes
routes dans leſquelles ils ſe

A

sont égarés : elle ne peut dès-
lors manquer d'être très-uti-
le à ceux qui veulent s'enga-
ger dans la même carriere.
C'est sans doute la principa-
le raison qui a introduit l'u-
sage de mettre à la tête des
Traités ou des Cours de Chymie un Discours historique
sur cette Science. Nous nous
conformerons à cette coutu-
me dont nous reconnoissons
l'utilité. Mais pour ne point
répéter ce que d'excellens
Auteurs ont déja exposé avec
beaucoup de détail & d'exactitude, nous ne parlerons
de l'Histoire particuliere des
Chymistes qu'autant qu'elle
pourra servir à faire mieux

connoître l'Histoire générale de la Chymie. Notre objet est de mettre sous les yeux
les différens états par lesquels cette Science a passé,
les révolutions qu'elle a é-
prouvées, les circonstances
qui ont favorisé ou retardé
ses progrès ; en un mot, c'est
le tableau sommaire de ce
qu'elle a été depuis son origine jusqu'à ces derniers
tems que nous tâcherons
d'exposer.

La plûpart des Auteurs qui
ont traité de l'Histoire de la
Chymie font remonter l'origine de cette Science à la
plus haute antiquité : ils é-
tendent leurs recherches jus-

ques dans le premier âge du monde, & trouvent des Chymiftes dans les tems même antérieurs au déluge. Mais égarés dans la nuit de ces fiecles reculés, ils n'ont rencontré, comme tous les hiftoriens qui ont voulu y pénétrer, que des fables, des merveilles & des ténébres.

Nous ne fommes plus dans ces tems de crédulité où l'on pouvoit avancer gravement d'après des livres apocryphes, que des Anges ou des Démons épris d'amour pour les femmes, leur révélérent ce qu'il y a de plus fublime dans les Sciences, & les fecrets les plus profonds de la Chymie ; que le livre où ces secrets furent écrits se nomma *Kema* ; que de-là est venu le nom de Chymie, & mille autres rê-veries de cette espece, dont il est même inutile de faire mention (*a*). Tout ce que l'on peut dire de vrai & de raisonnable sur cette matie-re, c'est que l'invention de plusieurs Art ; qui dépendent de la Chymie, & dont l'objet

---

(*a*) L'Auteur du Cours de Chymie sui-vant les principes de Newton & de Stahl le premier de nos Ecrivains qui ait jetté sur cette Science un coup d'œil vraiment philosophique, tourne ces folles préten-tions en ridicule avec autant d'esprit que de raison, dans un Discours historique placé à la tête de son ouvrage, & dans lequel l'élé-gance du stile répond à l'intérêt que ce sa-vant Auteur fait répandre sur son sujet.

est de nous procurer les choses les plus néceſſaires, eſt ef-
fectivement de la plus grande antiquité. L'EcritureSain-
te parle de *Tubalcain,* qui vivoit avant le déluge, comme
d'un homme qui ſavoit faire
tous les uſtenciles de cuivre
& de fer. On croit que c'eſt
ce Tubalcain que la Mytolo-
gie payenne mit depuis au
nombre des Dieux ſous le
nom de *Vulcain.*

Ces traits hiſtoriques font
regarder communément Tu-
balcain comme le premier
& le plus ancien des Chy-
miſtes, titre qu'on ne doit
néanmoins lui accorder qu'-
en regardant l'eſpece de

Chymie qu'il pratiquoit, non comme une véritable fcience, mais feulement comme un art ou comme un métier.

Il ne reftera là-deffus aucun doute pour le peu qu'on refléchiffe fur la nature & fur la marche de l'efprit humain. Il eft certain que ce que nous appellons Science eft l'étude & la connoiffance des rapports que peuvent avoir enfemble un certain nombre de faits , ce qui préfuppofe néceffairement l'exiftence & la découverte de ces mêmes faits. Or cette découverte eft uniquement l'ouvrage des fens; l'efprit le plus actif & le plus pénétrant eft absolument sans force à cet égard, en comparaison du sentiment intérieur d'un be-soin qui commande impé-rieusement. Sans les impres-sions douloureuses ou agréa-bles qu'excitent sur nous les corps dont nous sommes en-vironnés, nous en ignore-rions encore les propriétés les plus communes. Le ha-zard en a montré d'abord quelques-unes, l'amour du bien être, d'où naît une sor-te d'instinct infiniment plus clair-voyant que la raison même, a fait sentir leur usage: les premiers hommes néces-siteux ont été par cela même les premiers artisans; ils ont faisi les principes des arts par un effort naturel, bien différent de ce raisonnement perfectionné qui peut seul enfanter les Sciences, & qui ne s'est formé que dans l'espace d'une longue suite de siecles. D'où l'on doit conclure que le Patriarche Tubalcain n'étoit pas plus Chymiste que ne le font nos Fondeurs & nos Forgerons, ce qui est d'ailleurs très-conforme au texte de l'Ecriture dans laquelle il est nommé seulement *Malleator & Faber :* c'est-à-dire, qu'il n'étoit qu'un simple artisan ; de même que tous les premiers hommes qui acquirent quel-

ques connoiſſances que n'a-
voient pas leurs contempo-
rains.

L'idée que nous donnons
ici du mérite de ces anciens
inventeurs de nos Arts , ne
doit cependant rien dimi-
nuer de la gloire qui leur eſt
due : l'eſprit humain étant a-
lors dans ſon enfance, les
Sciences n'ayant pas encore
pris naiſſance , ils étoient
tout ce qu'ils pouvoient être,
Quoique ouvriers ſimples &
groſſiers on doit les regarder comme les plus puiſſans
génies de leur ſiecle ; car la
force & l'étendue de l'eſprit
des hommes ſont encore
moins l'ouvrage de la nature

que celui du tems & du pays où le hazard les place. Si *Stahl* eut vécu avant le déluge, tout l'effort de ce génie né pour développer les myſteres de la nature par le ſecours de la plus ſublime Chymie, ſe feroit vraiſemblablement réduit à trouver le moyen de forger une hache, de même que le grand *Newton* qui ſçut meſurer l'univers & calculer l'infini, auroit peut - être épuiſé toute la force de ſon eſprit pour compter juſqu'à dix, s'il eut pris naiſſance parmi ces nations de l'Amérique, dont les plus habiles calculateurs ne peuvent compter que juſ-

qu'à trois (*a*) : ainsi je le ré-
péte, le premier homme qui
sçût forger le fer & fondre
l'airain, quoique moins ha-
bile sans doute que nos plus
simples artisans , étoit cependant un grand homme
qui mérite autant nos éloges que les Chymistes les
plus savans & les plus profonds.

Il en a été de la Chymie
comme de tous les autres
Arts. Avant l'invention de
l'Ecriture, l'apprenti ne pratiquoit que ce qu'il appre-

(*a*) Ces peuples sauvages se nomment les
Yameos : ils ont été observés par M. De la
Condamine dans son Voyage du Perou.
Voyez les Mémoires de l'Académie des
Sciences , année 1745.

noit de son maître par une
tradition orale, & transmet-
toit de même ses connoissances à celui qui lui succédoit;
comme le font encore nos
ouvriers, qui n'écrivent rien
quoique vivant tant de siecles après l'invention de l'é-
criture.

Mais enfin, cet Art par
excellence fut découvert
comme l'avoient été la plu-
part des autres chez les anciens Egyptiens. C'est à cette heureuse époque qu'on
peut véritablement rapporter celle de l'accroissement
des connoissances humaines
& la naissance des Sciences;
c'est alors que se fit une dif-

tinction réelle des vrais Savans ou Philosophes d'avec les simples artisans. Ces derniers obéissans toujours à l'impression du même ressort, continuerent uniformément leur marche & se bornerent à leur pratique. Les premiers au contraire recueillirent avec soin toutes les connoissances qui pouvoient étendre & orner l'esprit humain, en firent l'objet de leurs recherches, les accrurent en les méditant & en les comparant, les rédigerent par écrit, se les communiquerent, en un mot jetterent vraiment les fondemens de la Philosophie. Ces hommes

précieux furent les Prêtres
& les Rois d'un peuple affez
fage pour leur accorder fes
refpects, & qui par-là fut digne d'obéir à de tels maîtres.

Celui d'entre ces Rois
philofophes que les Chymiftes regardent comme leur
premier auteur, fe nommoit
Siphoas; il vivoit à ce que
l'on croit plus de 1900 ans
avant l'Ere chrétienne. Les
Grecs chez lefquels pafferent
les fciences des Egyptiens,
l'ont connu fous le nom
d'*Hermès* ou de *Mercure trif-*
mégifte, c'eft - à - dire très-
grand. La lifte des ouvrages
de cet ancien favant dont
il ne nous eft rien refté, &

qui fe trouve dans Clément d'Alexandrie , eft fi nombreufe, qu'il falloit que de fon tems les hommes euffent déja fait d'affez grands progrès dans les Sciences ; cependant aucun des ouvrages d'*Hermès*, défignés par Clément d'Alexandrie , ne traite précifément de la Chymie ; il en a compofé fur toutes fortes de Sciences, à l'exception de celle à laquelle on a donné fon nom : car la Chymie a été nommé auffi Philofophie *Hermètique*. Il eft vrai que l'on conferve dans la Bibliotheque de Leyde quelques manufcrits Arabes qui font fous le nom d'*Hermès*, d'*Hermès*, & qui paroiſſent avoir un rapport plus direct avec la Chymie : tel eſt par exemple celui qui traite des poiſons & des contre-poiſons, & un autre ſur les pierres précieuſes ; mais on les regarde avec raiſon comme des ouvrages bien poſtérieurs & dont la ſuppoſition eſt manifeſte. Il y a donc lieu de croire que du tems d'*Hermès* tout ce que l'on ſavoit de Chymie ſe réduiſoit à quelques connoiſſances iſolées, dont on ne voyoit pas le rapport, & qui par conſéquent ne formoient point encore une Science ; quoique l'Aſtronomie, la Morale & quel-

ques autres Sciences eussent
déja fait d'assez grands progrès ; comme on peut s'en
convaincre par l'énuméra-
tion des Livres d'*Hermès*.
On n'en sera pas étonné si
l'on considere que les phénomenes les plus importans
de la Chymie font souvent
en même - tems les moins
sensibles. Cachés par la nature sous une espece d'enve-
lope, comme les ressorts d'u-
ne machine précieuse, ils ne
se montrent qu'à ceux qui
savent les découvrir, & ne
peuvent être apperçus que
par des yeux exercés à les ob-
server. Si le hazard en a pré-
senté d'abord quelques-uns

qui devoient par leur singu-
larité ou leur éclat attirer l'attention des premiers Savans,
ces phénomenes ne pou-
voient leur paroître que com.
me des pieces séparées, dont
il leur étoit impossible de saisir l'application & les usages,
faute d'en connoître une infinité d'autres, avec lesquels ils
avoient un rapport essentiel.

Ces premiers Chymistes
n'eurent donc d'autres res-
sources que de recueillir les
phénomenes qui venoient à
leur connoissance : ils les fai-
soient reparoître au besoin ,
soit pour les employer à des
choses usuelles , soit pour
opérer des effets qui paroif-

foient des merveilles aux yeux de ceux qui n'étoient pas fi favans.

C'eft-là fans doute à quoi fe réduifoit la Chymie de ces premiers Inventeurs des Sciences; c'eft cette Chymie qu'apprirent d'eux *Moyfe*, qui felon l'Ecriture fut inftruit dans la fageffe des Egyptiens, & depuis, le Philofophe *Démocrite* qui fit exprès le voyage d'Egypte pour aller puifer les Sciences à leur fource. Ils font mis l'un & l'autre au nombre des Chymiftes; le premier, parcequ'il fçut diffoudre & faire boire aux Ifraélites le veau d'or, dont ils s'étoient fait un dieu ; & le fecond, à caufe du témoignage que lui ont rendu plufieurs anciens E-crivains & fur-tout *Pline* le Naturalifte qui qualifie de Magie & de Science mira-culeufe celle que poffédoit Démocrite.

Quoique nous foyons fort peu avancés dans l'hiftoire de la Chymie, nous ne pou-vons cependant la fuivre plus loin fans faire mention d'une finguliere manie qui attaqua la tête de tous les Chymiftes. Ce fut une for-te d'épidémie générale, dont les fymptômes prouvent jufqu'où peut aller la folie de l'efprit humain, lorfqu'il eſt vivement préoccupé de quelqu'objet ; qui fit faire aux Chymiſtes des efforts ſurprenans , des découvertes admirables, & mit néanmoins de grands obſtacles à l'avancement de la Chymie; dont la guériſon enfin, qui n'a commencé à paroître que dans le dernier ſiecle, a été la véritable époque du renouvellement de cette Science & de ſes progrès vers la perfection.

On voit bien ſans doute que je veux parler du deſir de faire de l'or. Dès que ce métal fut devenu, par une convention unanime, le prix de tous les biens & en quel-

que forte la monnoye du
bonheur, il alluma un nouveau feu dans le fourneau
des Chymiftes. Rien n'étoit
plus naturel en effet que ceux
qui avoient des connoiffances particulieres fur la nature & les propriétés des métaux, qui fçavoient les tra-
vailler & leur faire prendre
mille formes différentes ,
cherchaffent à produire le
plus beau & le plus précieux
des métaux. Les merveilles
qu'ils voyoient chaque jour
naître de leur art, leur don-
noient même une efpérance
affez raifonnable d'ajouter
ce nouveau prodige à ceux
qu'ils opéroient déja, ils é-

toient bien éloignés de savoir alors si ce qu'ils entre-
prenoient étoit possible ou
non, puisque même à pré-
sent la chose n'est point encore décidée. Ce seroit donc
une injustice que de blâmer
leurs premiers efforts; mais
par malheur ce nouvel objet
de leurs recherches n'étoit
que trop capable d'exciter
dans leur ame des mou-
vemens bien opposés aux
dispositions philosophiques;
il s'empara tellement de leur
attention, qu'il leur fit perdre de vue les autres objets;
ils crurent voir la perfection de toute la Chymie
dans ce qui n'étoit que la
solution

folution d'un problême particulier de Chymie ; la fphere de leur fcience, au lieu de s'étendre, fe trouva parlà concentrée autour d'un point unique, vers lequel ils dirigerent tous leurs travaux. Le defir du gain devint leur mobile ; ils furent cachés & myftérieux ; en un mot ils eurent abfolument les caracteres des artifans : s'ils avoient réuffi, ils auroient été de fimples faifeurs d'or au lieu d'être des Chymiftes éclairés & favans ; mais par malheur pour eux ils ne furent que les ouvriers d'un métier qui n'exiftoit point (a).

____

(a) Nous dirons dans la leçon fur la Pierre

C

Cette circonſtance qui les privoit d'un gain habituel fut néanmoins ce qui les empêcha de ſe confondre avec les autres artiſans ; ils eurent par-là une ſorte de conformité avec les ſavans ; & comme il eſt naturel de profiter de tous ſes avantages , ils ſe prévalurent de celui-ci pour s'arroger le nom de Philoſophes ou de Chymiſtes par excellence ; qualité qui eſt exprimée par la particule Arabe *Al*, qu'ils ajouterent au nom de leur ſcience , & d'où ſont venus

Philoſophale ce que nous croyons qu'on doit penſer des hiſtoires qui paroiſſent en prouver la réuſſite.

les noms d'Alchymie & d'Alchymiſtes.

Cette ſorte d'hommes fut donc, comme on le voit, une eſpece moyenne entre les ſavans & les artiſans : ils eurent le nom des premiers, le caractere des ſeconds, & ne furent en effet ni l'un ni l'autre. Pour ſoutenir leur nom, ils firent des Livres comme les Philoſophes, ils écrivirent les principes de leur prétendue ſcience. Mais comme le caractere ne ſe dément point, ils le firent d'une maniere ſi obſcure & ſi peu intelligible, qu'ils ne donnerent pas plus de lumiere ſur leur art, que n'en donnent

fur les métiers qu'ils exer-
cent, les ouvriers qui n'écrivent rien.

Plufieurs d'entre eux fen-
tant apparemment le repro-
che bien fondé qu'on pou-
voit leur faire à cet égard,
s'efforcent d'attirer l'attention de leur Lecteur, en an-
nonçant dès le commence-
ment de leurs Livres, qu'ils
vont parler très-clairement;
mais ils fe donnent bien de
garde d'en rien faire. C'eft
une chofe fort plaifante de
les voir, après avoir promis
avec beaucoup d'emphafe de
révéler les fecrets les plus cachés, s'expliquer d'une maniere encore plus ridicu-

lement énigmatique que
tous ceux qui les ont précé-
dés.

On peut juger du dégré de
confidération que s'acquirent dans la fociété ces per-
fonnages qui n'y faifoient
rien, & dont on n'apprenoit
rien ; aufli leur hiftoire n'eft-
elle pas moins obfcure &
moins embrouillée que leurs
écrits. On ne fçait au jufte le
vrai nom de la plûpart d'entre eux, le tems où ils ont vê-
cu, fi les Livres qu'on leur at-
tribue font ou ne font pas
fuppofés : en un mot, tout ce
qui les concerne eft une é-
nigme perpétuelle.

Nous n'entrerons donc dans

aucun détail fur les *Synefes*,
les *Zozime*, les *Adfar*, les
Moriens, les *Calid*, les *Ar-
naut de Villeneuve*, les *Raymond Lulle*, les *Alain de
Lille*, les *Jean de Meun*, les
Flamel, & fur une infinité
d'autres Ecrivains ou préten-
dus Philofophes de cette efpece, dont la feule énumé-
ration feroit beaucoup trop
longue; & nous pafferons ra-
pidement fur ce moyen âge
de la Chymie, qui eft la partie la plus ténébreufe & la
plus humiliante de fon hiftoire. Ceux qui feront curieux de fuivre ces chroni-
ques, vraies ou fauffes, peuvent confulter les ouvrages

de Borrichius, & l'hiſtoire de la Philoſophie hermètique par M. l'Abbé Lenglet du Frénoi.

Nous nous contenterons de remarquer que dans cette foule d'Ecrivains alchymiſtes & inintelligibles, il s'en trouve cependant un petit nombre, qui ayant parlé un peu moins obſcurément de certaines expériences, ont fourni quelques lumieres : tels ſont peut-être l'Arabe *Geber*, le moine Anglois *Roger Bacon*, qui paroît avoir eu connoiſſance de la poudre à canon & qui fut accuſé de magie, *Raymond Lulle, Bazile Valentin*, &

Iſaac le Hollandois, dans les Ecrits deſquels on déchifre quelque choſe ſur les eaux fortes, ſur l'antimoine , & pluſieurs autres peut-être.

Ces connoiſſances précieu-ſes, dont on trouve le ger-me comme étouffé ſous des monceaux d'énigmes , ſont bien capables de faire re-gréter celles que nos labo-rieux chercheurs de pierre philoſophale ont miſes au rebut, à cauſe qu'elles n'a-voient pas un rapport immé-diat avec leur objet. Le ſer-vice le plus eſſentiel qu'ils pouvoient rendre à la Chy-mie, c'étoit d'écrire auſſi clai. rement les expériences qui leur ont manqué, qu'ils ont décrit obscurément celles qui selon eux leur avoient réussi.

Tel fut jusqu'au seizieme siecle l'état de la Chymie ou plutôt de l'Alchymie. Ce fut dans ce tems qu'un fameux Alchymiste nommé *Paracelse*, homme d'un esprit vif, extravagant & impétueux, ajouta une nouvelle folie à celle de tous ses prédécesseurs ; comme il étoit fils d'un Médecin, & Médecin lui-même, il imagina que par le moyen de l'Alchymie on devoit trouver aussi la médecine universelle, & mourut à l'âge de quarante-

huit ans, en publiant qu'il a-
voit des secrets capables de
prolonger la vie jusqu'à l'âge
de Mathusalem. *Raymond
Lulle* & quelques autres Alchymistes avoient à la vérité
songé avant *Paracelse* à la
médecine universelle, mais
ce fut la chaleur & la har-
diesse de ce dernier qui don-
na la plus grande vogue à
cette fameuse chimere.

Cette prétention, toute folle qu'elle étoit, trouva néanmoins beaucoup de partisans,
& occasionna un violent re-
doublement dans la manie
des Alchymistes ; tant les
hommes ont de crédulité
pour ce qui les flatte! Nos

Philofophes, fans ceffer de chercher le fecret des tranf-mutations, & celui de faire de l'or, travaillerent à l'envi à trouver la médecine u-niverfelle, & s'imaginerent que toutes ces merveilles pouvoient s'opérer par un feul & même procédé. Beaucoup d'entre eux fe vanterent d'avoir réuffi & fe nommerent *Adeptes*: leurs Livres furent bien-tôt remplis de recettes pour faire l'or potable, les Elixirs de vie, les Panacées ou remedes à tous maux, & toujours dans leur langue ordinaire, c'eft-à dire indéchifrable.

Tant d'extravagances accumulées avoient fait de la Chymie une prétendue ſcience, ou, pour emprunter ſes propres termes dit ingénieuſement M. De Fontenelle (*a*) : « Un peu de vrai » étoit tellement diſſous dans » une grande quantité de » faux , qu'il étoit devenu » inviſible & tous deux preſ- » que inſéparables. Au peu » de propriétés naturelles » que l'on connoiſſoit dans » les mixtes, on en avoit a- » jouté tant qu'on avoit vou- » lu d'imaginaires, qui bril- » loient beaucoup davanta- » ge ; les métaux ſympathi- » ſoient avec les planetes &

____

(*a*) Dans l'éloge de M. Lémeri.

» avec les principales parties
» du corps humain ; un al-
» kaeſt que l'on n'avoit ja-
» mais vu diſſolvoit tout ; les
» plus grandes abſurdités é-
» toient révérées à la faveur
» d'une obſcurité myſtérieu-
» ſe, dont elles s'envelop-
» poient, & où elles ſe re-
» tranchoient contre la rai-
» ſon.

La médecine univerſelle,
quoique la plus folle ſans
doute de toutes les idées qui
étoient entrées dans la tête
des Alchymiſtes, fut cependant ce qui commença à
établir la Chymie raiſon-
nable, & à l'élever ſur les
ruines de l'Alchymie.

Le fougueux & entreprenant *Paracelse* avoit ofé fe frayer une route nouvelle dans l'art de guérir. Déclamant fans ceffe contre l'ancienne Pharmacie, dans laquelle on ne trouvoit point, ou du moins fort peu de médicamens préparés par la Chymie, il brula publiquement dans un accès de phrénéfie les Livres des anciens Médecins Grecs & Arabes, & promit prefque de donner l'immortalité par fes médicamens chymiques. Ses fuccès, quoique fort inférieurs à fes promeffes, furent néanmoins des prodiges. Il fit plufieurs guérifons furpre-

nantes ; il attaqua fur-tout
avec un grand avantage, par
des préparations de Mercure, les maladies vénérien-
nes,qui commençoient alors
à faire beaucoup de ravage,
& contre lefquelles la médecine ne trouvoit que des
armes impuiffantes dans la
Pharmacie ordinaire.

On ne refte guères dans
l'indifférence fur des hommes du caractere de *Para-
celfe* ; auffi ce qu'il pouvoit
avoir de mérite réel lui fuf-
cita-t-il des envieux & des
ennemis, tandis que fon en-
toufiafme & la fotte vanité
avec laquelle il fe préconi-
foit lui-même lui attira des

admirateurs encore plus fots.

Ceux d'entre les Médecins de ce tems-là qui avoient aſſés de bon ſens pour n'être ſuſceptibles d'aucunes de ces foibleſſes, prirent le parti mitoyen, c'eſt-à-dire le plus ſage. Bien perſuadés qu'il faut infiniment rabattre de ce que dit un homme aſſés inepte pour mépriſer conſtamment le ſavoir d'autrui & vanter ſes propres découvertes comme faiſoit *Paracelſe*, ils laiſſerent ſes partiſans outrés donner à corps perdu dans les extravagances de leur maître ; mais convaincus d'un autre côté par les ſuccès de ce médecin que la Chymie pouvoit

pouvoit fournir d'excellens remedes à la médecine, ces vrais citoyens s'appliquerent à les trouver, par un travail digne des plus grands éloges, puisqu'il avoit pour objet le bien de l'humanité. Ils furent, à proprement parler, les inventeurs d'un nouvel art chymique, qui avoit pour objet la préparation des médicamens ; ils écrivirent leur art parcequ'ils n'étoient point artisans, & l'écrivirent clairement parcequ'ils n'étoient point Alchymistes.

Il y eut donc alors deux classes de Chymistes bien différens les uns des autres. Pendant que les *freres de la Rose*

Croix, un *Cosmopolite*, un *Espagnet*, un *Beausoleil*, un *Laviolette*, un *Philalette*, & bien d'autres perdoient leur tems, leur peine & leur argent, pour enchérir sur les folies de *Paracelse*, on vit éclore successivement les ouvrages utiles de *Crollius*, de *Quercetan*, de *Beguin*, d'*Hartman*, de *Viganus*, de *Scroder*, de *Zwelfer*, de *Tachenius*, de *Le Febvre*, de *Glazer*, de *Lémeri*, de *Lemort*, de *Ludovic*, & de plusieurs autres, qui s'appliquerent à trouver & à décrire de nouveaux médicamens tirés de la Chymie.

Les principales Facultés

de Médecine, qui sentirent
de quelle importance il étoit
que ces médicamens fussent
toujours préparés d'une maniere uniforme , travaillerent aussi à en fixer les pro-
cédés. De-là nous sont venus un grand nombre de
Pharmacopées & de Dispen-
saires dans lesquels on trouve beaucoup d'excellentes
opérations chymiques.

D'un autre côté , la plû-
part des arts chymiques e-
xercés dans le silence, étoient
du tems de Paracelse déja
parvenus à un degré remarquable de perfection , par
une marche très-lente à la
vérité , mais aussi fort longue

& foutenue fans interrup-
tion, prefque depuis le commencement du monde. On
favoit découvrir, effayer, &
exploiter les mines avec a-
vantage ; on connoiffoit les
moyens d'allier, de diffoudre, & d'affiner les métaux
dans l'orfévrerie & dans les
monnoies; on compofoit des
verres, des criftaux, des é-
maux, des fayances d'une infinité de manieres différentes; on favoit préparer des
couleurs de toutes les nuan-
ces & les appliquer à tous les
corps; la fermentation qui
produit les vins, les bieres,
les vinaigres, étoit connue &
pratiquée; les diftillateurs re-

tiroient les parties ſpiritueu-
ſes, volatiles & aromatiques
des plantes, pour en compo-
ſer des eſſences & des par-
fums. Mais tous ces arts é-
toient exercés ſéparément,
par des gens qui ne connoiſ-
ſoient que ce qui étoit rélatif
à leur objet ; & comme ces
mêmes arts n'avoient point
été décrits, perſonne n'avoit
connoiſſance du tout; les différentes parties de la Chymie exiſtoient, mais la Chymie n'exiſtoit point encore.

Heureuſement le goût des
Sciences , qui commen-
çoit à ſuccéder alors au jar-
gon & à l'ignorance des ſie-
cles précédens, ſuſcita des

hommes d'un esprit vraiment philosophique, qui sentirent combien il étoit essentiel d'acquérir & de publier un si grand nombre de connoissances importantes. Ils surmonterent des obstacles de toute espece, pour découvrir & développer les pratiques d'une infinité d'ouvriers, qui exerçoient des parties essentielles de la Chymie, quoiqu'ils ne fussent rien moins que Chymistes.

Le célebre *Agricola* est un des premiers & des meilleurs Auteur que nous ayons en ce genre. Né dans un village de Misnie, pays abondant en mines & rempli des travaux

de la Métallurgie, il les décrivit avec un détail & une
exactitude qui ne laiſſent
rien à deſirer ; Médecin comme *Paracelſe*, & ſon contem-
porain, il étoit d'un caractere bien différent de ce fameux Alchymiſte ; ſes écrits
ſont auſſi clairs & auſſi in-
ſtructifs que ceux de *Paracelſe* ſont obſcurs & inutiles.
*Lazard, Ercker, Schinder,
Schlutter* (a), *Henkel* (b) , &

***

(a) Les Ouvrages de *Schlutter* nous ont
été donnés en françois refondus & aug-
mentés par M. *Hellot* qui les a enrichis de
ſes propres Obſervations, & à qui la Chymie a tous les jours de nouvelles obligations.

(b) Une Partie des Ouvrages de *Henkel*
a été traduite en notre langue par M. le
Baron d'*Olbach* qui eſt auſſi un des plus il-
luſtres & des plus zélés bienfaiteurs de notre Chymie françoiſe.

quelques autres ont écrit auffi fur la Métallurgie, & nous
ont donné la defcription de
la Docimafie ou de l'art des
Effais; *Antoine Néri*, le Docteur *Meret*, & le fameux
Kunckel, qu'on ne peut affés
louer à caufe du grand nombre de belles expériences
dont il a enrichi la Chymie,
ont donné dans un très-grand
détail, l'art de la Verrerie,
celui de faire des émaux, d'i-
miter les pierres précieufes
& plufieurs autres. (*a*)

Les Chymiftes eftimables
dont nous avons parlé jufqu'à préfent & même quel-

(*a*) Tous ces Ouvrages ont été traduits
en françois par M. le Baron d'*Olbach*.

ques-uns

ques-uns de ceux qui les ont
suivi & que nous diſtinguons
bien des Alchymiſtes, n'é-
toient cependant point tous
abſolument exempts des illuſions de l'Alchymie: tant il
eſt vrai qu'une maladie opi-
niâtre & invétérée ne diſpa-
roît jamais ſubitement &
ſans laiſſer aucune trace. Auſſi depüis *Paracelſe* & *Agricola*
avons - nous un grand nombre d'Auteurs moitié Chy-
miſtes raiſonnables, moitié
Alchymiſtes, & qu'on peut
regarder comme des mala-
des qui n'étoient qu'à demi
guéris. *Keſler, Caſſius, Roeſ-*
chius, Orſchall, le Chevalier
d'*Igbi*, *Libavius*, *Wanhel-*

E

mont, *Starkei, Glauber, Borri-chius,* font de ce nombre. Mais on doit leur pardonner ce défaut en faveur du bien qu'ils ont fait à la Chymie par une grande quantité d'expériences intéreſſantes.

Comme dans les derniers tems des Auteurs dont nous venons de faire mention, la manie alchymique étoit en quelque forte dans ſa criſe, elle trouva auſſi alors de puiſſans antagoniſtes auxquels la faine Chymie a les plus grandes obligations, puiſqu'ils contribuerent par leurs écrits à la délivrer de cette lepre qui la défiguroit & s'oppoſoit à ſes progrès. Les plus distingués de ces Auteurs sont le célébre Pere *Kirker* Jesuite & le savant *Conringius* Médecin, qui la combattirent avec beaucoup de succès & de gloire.

Nous arrivons enfin à une des plus brillantes époques de la Chymie : je veux parler du tems où ses différentes parties commencerent à être recueillies, examinées, comparées par des hommes d'un génie assés étendu & assés profond pour les rassembler toutes, en découvrir les principes, en saisir les rapports, les réunir en un corps de doctrine symmétrique & raisonné, & poser véritable-

ment les fondemens de la
Chymie confidérée comme
fcience.

Ce ne fut que vers le mi-
lieu du dernier fiecle, qu'on
commença à élever cet édi-
fice, dont jufqu'alors on n'a-
voit fait qu'amaffer les ma-
tériaux. *Jacques Barner* Médecin du Roi de Pologne fut
un des premiers qui rangea
fous un certain ordre les
principales expériences de
Chymie, en y joignant des
explications raifonnées. Son
ouvrage porte le titre de
Chymie philofophique. Tous
les Phénoménes de cette
fcience y font rapportés au
fiftême des Acides & des

Alkalis, que *Takenius* avoit déja établi, & dont il avoit abufé en lui donnant beaucoup trop d'étendue ; faute qu'on fera néanmoins difpofé à lui pardonner , fi l'on confidere combien il eft difficile de n'y pas tomber , quand on eft le premier à s'occuper de vérités auffi générales & auffi fécondes en conféquences que le font les propriétés de ces fubftances falines.

Bohnius Profeffeur à Léipfick compofa auffi un traité eftimable de Chymie raifonnée. Mais la réputation de ces Chymiftes Phyficiens a

*

été presque éclipsée par celle que le fameux *Beccher*,
premier Médecin des Elec-
teurs de Mayence & de
Baviere, se fit quelque-
tems après dans le même
genre. Cet homme dont
le génie égaloit le sçavoir,
semble avoir apperçu d'un
même coup d'œil la multi-
tude immense des phénomé-
nes chymiques ; aussi les mé-
ditations qu'il fit sur ces importans objets lui découvri-
rent - t - elles la théorie la
meilleure & la plus satisfai-
sante qu'on eut trouvée jusqu'alors. Elle lui mérita
l'honneur d'avoir pour parti-
san & pour commentateur

le plus grand & le plus fublime de tous les Chymiftes Phyficiens.

On doit reconnoître à ces titres glorieux & fi bien mérités l'illuftre *Stahl*, premier Médecin du feu Roi de Pruffe. Né de même que *Beccher*, avec une forte paffion pour la Chymie, qui fe déclara dès fa premiere jeuneffe, (*a*) il étoit doué d'un génie encore fupérieur à celui de *Beccher*. Son imagination auffi vive, auffi brillante & auffi active que celle de fon prédéceffeur, avoit de plus l'a-

____

(*a*) Dès l'âge de quinze ans M. *Stahl* avoit appris par cœur la Chymie philofophique de *Barner*.

E iv

vantage ineſtimable d'ètre réglée par cette ſageſſe & ce ſang froid philoſophiques, qui ſont les plus ſurs préſervatifs contre l'entouſiaſme & les illuſions. La théorie de *Beccher*, qu'il a adoptée preſque en entier, eſt devenue dans ſes écrits la plus lumineuſe & la plus conforme de toutes avec les phénoménes de la Chymie. (*a*) Bien différente de ces ſi-

----

(*a*) Qui croiroit qu'un Auteur, d'ailleurs très-eſtimable, ait voulu renouveller de nos jours le goût que l'on avoit dans les ſiécles d'ignorance pour écrire d'une maniere obſcure ſur les Sciences, & en particulier ſur la Chymie : que pour accréditer cette prétention il ait loué M. *Stahl* d'une obſcurité qn'on ne trouvera jamais dans cet Auteur, à moins qu'on ne ſoit encore bien novice en Chymie : qu'il ait pref-

ſtêmes qu'enfante l'imagination ſans l'aveu de la nature,
& que l'expérience détruit,
la théorie de *Stahl* eſt le gui-
de le plus ſûr qu'on puiſſe
prendre pour ſe conduire
dans les recherches chymiques; & les nombreuſes expériences que l'on fait chaque jour, loin de la détruire,
deviennent au contraire autant de nouvelles preuves
qui la confirment.

---

que fait un crime à ceux qui tâchent de diſ-
ſiper les ténebres naturelles de cette Science, & cela ſous prétexte qu'en la mettant
à la portée de tout le monde, on en fera
une Science à la mode & par conſéquent
frivole: comme ſi la légéreté de ceux qui
ne veulent que ſe jouer à ſa ſurface, pouvoit diminuer en rien l'ardeur des Savans
qui ont le courage d'en pénétrer les pro-
fondeurs.

C'eſt à côté de *Stahl*, quoique dans un genre différent, qu'on doit placer l'immortel *Boërhaave*. Ce puiſſant génie, l'honneur de ſon pays, de ſa profeſſion, & de ſon ſiecle, a répandu la lumiere ſur toutes les ſciences dont il s'eſt occupé. Nous devons à un regard dont il a favoriſé la Chymie, la plus belle & la plus méthodique analyſe du régne végétal, les admirables traités de l'air, de l'eau, de la terre, & ſur-tout celui du feu, chef-d'œuvre étonnant & tellement accompli qu'il ſemble laiſſer l'eſprit humain dans l'impuiſſance d'y rien ajouter.

Si les théories des grands hommes dont nous venons de parler, font capables de contribuer infiniment à l'avancement de la Chymie, en nous faisant appercevoir les caufes & les rapports de tous les phénoménes de cette fcience; il faut avouer auffi qu'elles peuvent produire un effet tout contraire, lorfqu'on s'y livre avec trop de confiance, & qu'on étend leur ufage au-delà de fes limites. La théorie ne peut-être utile qu'autant qu'elle naît des expériences déja faites, ou qu'elle nous montre celles qui font à faire. Car le raifonnement eft en quelque forte l'organe de la vue du Phyſicien, mais l'expérience eſt ſon toucher, & ce dernier ſens doit conſtamment rectifier chés lui les erreurs auxquelles le premier n'eſt que trop ſujet. Si l'expérience qui n'eſt point dirigée par la théorie eſt toujours un tâtonement aveugle, la théorie ſans l'expérience n'eſt jamais qu'un coup d'œil trompeur & mal aſſuré. Auſſi eſt-il certain que les plus importantes découvertes que l'on ait faites dans la Chymie ne ſont dues qu'à la réunion de ces deux grands ſecours.

On trouve une preuve bien convaincante de cette véri-

té, dans les Ouvrages des il-
luſtres Sociétés Littéraires
dont la naiſſance doit être
regardée comme celle de la
Philoſophie expérimentale,
& la véritable époque où
l'on a vu diſparoître le jar-
gon barbare de l'Ecole, les
illuſions de l'Aſtrologie ju-
diciaire, les extravagances
de l'Alchimie, qui n'étoient
que des ſpéculations chimé-
riques & deſtituées de preuves, ou des amas confus de
faits qui ne prouvoient rien.

Les Mémoires ſavans &
profonds de ces célebres
Compagnies, dont les Au-
teurs ſont trop connus pour
qu'il ſoit beſoin de les nom-

mer, seront à jamais le mo-
dele de ceux qui veulent tra-
vailler avec succès à l'avancement des Sciences, puisqu'on y voit toujours l'expérience donner un corps au
raisonnement, & le raisonnement donner de l'ame à
l'expérience.

Nous avons l'avantage de
voir enfin les plus beaux
jours de la Chymie. Le goût
de notre siecle pour les matieres philosophiques, la glo-
rieuse protection des Princes,
le zele d'une multitude d'a-
mateurs illustres & éclairés,
le profond sçavoir & l'ardeur
de nos Chymistes modernes,
que nous n'entreprenons pas

de louer parcequ'ils font au-
deſſus de nos éloges , tout
ſemble nous promettre les
plus grands & les plus bril-
lans ſuccès. Nous avons vu
la Chymie naître de la né-
ceſſité, recevoir de la cupi-
dité un accroiſſement lent &
obſcur : ce n'eſt qu'à la vraie
Philoſophie qu'il étoit réſer-
vé de la perfectionner.

PLAN

PLAN
DU COURS
DE CHYMIE.

I la Chymie n'étoit autre chose qu'un assemblage de faits, qui n'eussent ensemble aucune liaison, & qui ne fussent point réciproquement les causes & les effets les uns des autres, elle ne seroit point une Science, & peu importeroit de quelle maniere & dans quel ordre on présenteroit ces faits : on pourroit les choisir au hazard & ils seroient toujours suffisamment bien démontrés, pourvu qu'on en décrivit exactement tous les détails & toutes les circonstances.

A

Mais heureusement il s'en faut
bien que la chose soit si facile. La
Science chymique quoique à
peine sortie du berceau, comme
nous l'avons fait voir dans le Discours historique, a déja fait des
progrès si rapides, qu'on connoît
à présent presque tous les rapports qu'ont entre elles la multitude infinie d'expériences sur lesquelles elle est fondée ; elles sont
tellement dépendantes les unes
des autres, qu'il en résulte un en-
chaînement de connoissances é-
troitement unies & ne formant
ensemble qu'un seul tout. Delà
résulte la nécessité indispensable
d'une méthode soit pour apprendre la Chymie, soit pour l'ensei-
gner. La grande difficulté qui se
présente ici, c'est de savoir s'il est
plus avantageux de commencer
par les détails, & de remonter
delà jusqu'aux généralités, ou s'il
faut établir d'abord les principes

généraux & les suivre de conséquence en conséquence, jusques
dans les détails dont ils forment
la liaison. Chacune de ces mé-
thodes, dont toutes les Sciences
sont susceptibles, a des avantages comme des inconvéniens, &
par conséquent des adversaires
& des partisans; il y a long-tems
qu'on dispute sur la préférence
qu'on doit accorder à l'une & à
l'autre, certainement cette dis-
cussion est de nature à durer encore long-tems; il faudroit des
volumes entiers pour la traiter à
fond. Aussi notre dessein n'est-il
point d'exposer ici toutes les rai-
sons qui nous déterminent à choisir la méthode qui descend des
principes généraux aux phénomenes & aux faits particuliers : nous
nous en tenons pour le présent à
ce qui a été dit à ce sujet dans
la préface des Elémens de Chymie théorique.

Nous ajouterons feulement ici que le Plan que nous adoptons eft certainement le plus difficile a bien remplir pour ceux qui enfeignent, & qu'il demande de leur part beaucoup plus de peine & de travail; puifqu'ils ne peuvent donner un ordre convenable aux principes fondamentaux & les bien établir, fans en avoir toutes les conféquences en même-tems préfentes à l'efprit. Mais d'un autre côté il eft infiniment plus facile & plus lumineux pour ceux qui apprennent, puifqu'alors on ne leur préfente aucun fait particulier, fans leur en faire fentir la connexion avec les principes généraux; ce qui les lie naturellement dans leur efprit, & les grave dans leur mémoire. Cela pofé, il eft aifé de fentir que les avantages & les inconvéniens de l'autre méthode dont la marche eft l'inverfe de la nôtre, doivent-

être auſſi dans un ordre renver-
ſé, c'eſt-à-dire qu'elle eſt beaucoup moins laborieuſe pour ceux
qui montrent, & infiniment plus
épineuſe pour ceux qui apprennent. Car quelle difficulté n'y a-
t-il pas à retenir une multitude
preſque infinie de faits & de détails particuliers, entre leſquels
on n'apperçoit aucun rapport, &
dont il eſt impoſſible de ſentir
la liaiſon avant d'être arrivé au
principes généraux qui en réſul-
tent.

Ces conſidérations, quand elles
ſeroient les ſeules, auroient ſuffi
pour déterminer notre choix,
pour nous donner le courage
de ſurmonter les difficultés qu'il
nous préſente, & de nous expo-
ſer à toutes les objections de ceux
qui aiment à ſemer des épines
ſur la route qui conduit aux
Sciences. Nous n'ignorons point
qu'on s'écrie que pluſieurs des

principes donnés comme généraux ne le font point, ou ne font
pas encore fuffifamment démontrés par l'expérience ; & que par
conféquent, en établiffant d'abord
ces principes, on induit néceffairement en erreur ceux qui s'in-
ftruifent, en leur faifant croire
qu'ils ont appris des chofes que
réellement ils ne fçavent point.
Nous reconnoiffons volontiers la
vérité de la premiere partie de
cet argument ; mais comme rien
ne feroit plus directement oppo-
fé à notre intention que l'incon-
vénient qu'il paroît démontrer,
nous croyons l'éviter facilement,
par la ferme réfolution où nous
fommes, de ne donner comme
principes véritablement généraux, que ceux qui s'accordent en
effet avec tous les phénoménes
de la Chymie ; d'indiquer à l'é-
gard des autres avec la plus grande exactitude, toutes les reftric-

tions & exceptions connues ; de ne préfenter comme inconteftables & démontrés que ceux qui le feront réellement par les expériences que nous mettrons auffitôt fous les yeux de nos Auditeurs ; & de ne donner que pour fuppofitions, probabilités, matieres à recherche, c'eft-à-dire pour ce qu'ils font, ceux qui demandent à être confirmés par de nouvelles expériences. Nous efpérons par-là éviter tous les inconvéniens & profiter de tous les avantages d'une méthode que nous n'avons adoptée qu'après l'examen le plus rigoureux & le plus refléchi.

INTRODUCTION.

I.

Après avoir donné & expliqué la définition de la Chymie, on établit les premiers principes géné-

raux fur la compofition & la décompofition de tous les corps.

On donne l'explication des affinités ou rapports chymiques.
On démontre que ce n'eft point
un mot vuide de fens , mais une
propriété très-phyfique, très-réel-
le , & très – générale de tous les
corps. On fait voir que cet effet
qn'on peut regarder comme caufe de tous les phénomenes chymiques , eft affujetti à des regles
& à des loix invariables. On expofe ces loix , & on définit les affinités fimples , les compofées ,
les réciproques , les doubles , en
donnant des exemples de chacune.

On paffe delà à l'examen des
principes ou élémens primitifs ;
on difcute les qualités qu'ils doivent avoir pour être reconnus
comme tels , & l'on parle de ceux
qu'ont établis quelques anciens
Phyficiens & Chymiftes.

Après

Après avoir reconnu que le feu, l'air, l'eau, & la terre font des corps inaltérables, indeftructibles, & que l'analyfe démontre entrer eux-mêmes dans la compofition des autres corps, & les avoir établis en conféquence comme principes ou élémens primitifs : on examine par l'expérience les propriétés de chacun de ces corps, propriétés qui doivent influer & fe modifier d'une infinité de manieres différentes dans tous les compofés dont ils font les principes. Mais comme elles font fi nombreufes qu'il faudroit un Cours entier d'expériences pour les éprouver toutes, on s'en tient à celles qui font plus particulierement relatives à la Chymie, renvoyant pour les autres aux Cours de Phyfique expérimentale de M. l'Abbé Nolet, qu'on ne fçauroit trop recommander à ceux qui veulent apprendre la Chymie.

I I.

Sur le Feu.

Le feu pouvant être confidéré comme agent ou inftrument, & comme un des élémens ou principes des corps : on en examine féparément les propriétés fous ces deux points de vue.

On prouve par l'expérience que le feu pénétre facilement tous les corps, qu'il n'y eft point retenu, & qu'il fe diftribue également par-tout.

Qu'il dilate & raréfie tous les corps : on le démontre par les expériences des Thermometres, dont on explique l'ufage, des métaux qui fe dilatent, &c.

Qu'il liquifie & fond les corps folides, & que par fon abfence les fluides redeviennent folides. On fait différentes fufions & congélations, & l'on déduit de cette propriété les effets que le feu produit dans les compositions & combinaisons.

Qu'il y a des corps fixes qui résistent à son action, & de volatils qu'il enleve & réduit en vapeurs, on donne des exemples des uns & des autres; & l'on déduit de cette propriété du feu, ses effets dans toutes les analyses & décompositions.

On démontre par l'expérience que tous les frottemens sur-tout des corps dures produisent de la chaleur & du feu.

On fait des expériences qui démontrent que les corps pesans & fixes sont capables de recevoir plus de chaleur & de la retenir plus long-tems que les corps légers & volatils.

On explique les différens dégrés de chaleur & leurs différens effets.

Le feu confidéré comme un é-
lément qui entre dans la compofition des corps, étant le principe de l'inflammabilité de tous les
corps combuftibles, & ce que les
Chymiftes appellent Phlogiftique, on détaille les différences
qu'il y a entre ce feu & le feu
pur confidéré comme agent.

On examine par l'expérience
les phénoménes de la combuftion
des corps; mais comme ils dépendent tous de l'action com-
binée du feu & de l'air, on ren-
voye le détail de ces expériences à l'article de l'air.

I I I.

Sur l'Air.

Après avoir donné une idée
générale de l'air, on démontre
par l'expérience fes propriétés
relatives aux phénoménes chymiques.

Sa pefanteur par les expériences de la Machine pneumatique
& du Barometre.

Sa rarefcibilité.

Sa comprefcibilité.

Son élafticité par des expériences de divers genres.

On dédûit de fes propriétés la
méchanique & la conftruction des
différens fouflets.

On démontre par plufieurs expériences fon action fur les matieres enflammées, & la neceffi-
té de cette action pour entrete-
nir la combuftion.

On fait voir qu'ur corps com-
buftible peut être toujours rouge
& pénétré de feu fans brûler ni
fe confumer. Qu'un corps actuel-
lement brûlant & enflammé s'é-
teint fubitement par la privation
du concours de l'air, même lorfqu'on exécute cette privation en
plongeant ce corps dans des liqueurs très-inflammables ; ce qui

fait voir pourquoi les corps combustibles ne brûlent jamais qu'à leur surface.

On déduit de toutes ces propriétés fondamentales de l'air & du feu les principes de l'administration du feu dans toutes les opérations chymiques, & l'on démontre par l'expérience,

La Méchanique & les usages de la lampe d'émailleur,

Ceux de la forge ordinaire,

Ceux de la forge des fondeurs.

On établit les principes généraux de la construction de toutes les différentes especes de fourneaux dont on démontre les pieces en les mettant sous les yeux on explique,

Le fourneau simple,

Le fourneau à bain marie, bain de vapeurs, bain de sable, &c. & les effets de ces milieux pour modérer ou régler la chaleur.

L'Atanor ou fourneau perpétuel,

Le fourneau ou l'Atanor de lampe,

Le fourneau de Réverbere,

Le fourneau à Moufle, d'E-mailleur, d'Effayeur, ou de Coupelle,

Le fourneau à vent, ou de fufion,

Les fours à Chaux & à Plâtre.

Les fours à cuire les poteries & fayances,

Les fours de Verreries.

Les fourneaux des Mines font renvoyés à l'article du travail des Mines.

On démontre que la Méchanique & la conftruction de tous ces fourneaux & de tous les autres fourneaux poffibles, dépendent des mêmes principes généraux qu'on peut appliquer & dont on peut faire ufage d'une infinité de manieres différentes, fuivant l'emploi auquel on deftine les fourneaux.

I V.

Sur l'Eau.

On commence par établir les qualités que doit avoir l'eau pure.

On démontre qu'elle doit être inodore, insipide, transparente, sans couleur, volatile.

Qu'elle ne prend à l'air libre qu'un dégré de chaleur déterminé qu'elle ne passe jamais, quelque violent que soit le feu sur lequel on l'expose, ce dégré étant seulement sujet à quelques variations dépendantes de celles du poids de l'athmosphere.

Que dans les vaisseaux exactement clos, elle peut en acquérir de beaucoup plus grands. On le démontre par la machine de Papin.

On fera voir la congélation de l'eau, & les phénoménes de cette congélation.

Que l'eau n'est point compres-
sible.

Qu'elle est rarescible & capable d'explosion par une raréfac-
tion subite.

Qu'elle peut augmenter l'action
du feu, quand elle est appliquée
convenablement.

On prouve la volatilité de l'eau
par son évaporation & par la distillation.

On fait la distillation de l'eau,
premier moyen de la purifier, &
qui est en même-tems le premier
exemple de la distillation.

On en prend occasion d'expliquer les principes généraux de la
distillation & la construction de
tous les vaisseaux distillatoires,
sublimatoires, circulatoires.

On fait la démonstration de
tous ces vaisseaux, comme retor-
tes ou cornues, Alembics, Peli-
cans, Jemaux, Récipiens, Ser-
pentins, Réfrigérens, de toute
espece.

V.

Sur la Terre.

On examine les propriétés qui caractérisent la terre pure, élémentaire & primitive.

On fait voir qu'elle doit avoir les mêmes qualités que l'eau, à l'exception de la liquidité & de la volatilité, étant au contraire essentiellement solide & fixe.

On prouve par des expériences qu'il y a une espece de terre dans laquelle on reconnoît toutes ces propriétés, qui ne reçoît aucune altération de la plus grande violence du feu, sinon d'entrer en fusion, & que cette terre qu'on nomme vitrescible paroît la plus simple de toutes.

On prouve par des expériences qu'il n'y a aucune autre espece de terre que la terre vitrescible

la plus pure qui ait toutes les propriétés qu'on doit regarder comme celles de la terre primitive.

Ces expériences font connoître qu'il y a une efpece de terre
auffi répandue dans la nature que
la terre vitrefcible, & à laquelle
l'action du feu donne des propriétés qu'aucune terre n'a naturellement ; c'eft celle à laquelle les
Chymiftes ont donné le nom de
terre calcinable.

Après avoir converti en chaux
vive un morceau de Pierre à
chaux pour faire voir les phénoménes de la calcination , on e-
xamine dans le plus grand détail & avec la plus grande attention tous les phénoménes que la
chaux préfente avec le feu, avec
l'air , avec l'eau, & avec la terre
vitrefcible.

Son extinction à l'air , l'humidité qu'elle en attire , fon extinction par l'eau , la chaleur qui en

réfulte, les parties que l'eau en fépare.

La dureté qu'elle contracte étant mêlée avec le fable ou la terre vitrefcible.

Les qualités de chaux vive qu'elle reprend par une nouvelle calcination.

On propofe quelques conjectures fur ces phénoménes importans & l'on indique de très-belles expériences à faire pour acquérir de nouvelles lumieres fur la nature de la chaux.

Les propriétés de la chaux tenant en même-tems de celle de la terre primitive, & de celles des fubffances falines conduifent naturellement à examiner ces dernieres.

V I.

Sur les subſtances ſalines, ſur les acides, & en particulier ſur l'acide vitriolique.

Après avoir indiqué les propriétés générales qui font reconnoître toutes les ſubſtances ſalines, on paſſe à celles des acides en prenant pour premier exemple l'acide vitriolique.

On fait des expériences pour s'aſſurer de ſa peſanteur, de ſa ſaveur, des effets qu'il produit ſur certaines couleurs bleues.

On reconnoît l'action du feu ſur cet acide dans ſa concentration par la diſtillation.

La grande activité avec laquelle il s'unit à l'eau par la chaleur & les autres phénoménes qui paroiſſent lorſqu'on fait cette union.

L'augmentation de ſon volume & de fon poids due à l'humidité qu'il attire de l'air.

V I I.

Sur les fels neutres à bafe terreufe.

On examine l'action de l'acide vitriolique fur la terre, & en particulier fur la terre calcinable, l'union qu'il contracte avec elle & les phénomenes qui l'accompagnent : premier exemple de diffolution & d'affinité fimple dont il réfulte un nouveau compofé.

On examine les propriétés de ce nouveau compofé formant une fubftance faline nommée Sel neutre à bafe terreufe.

Et en particulier fa criftallifation : premier exemple de criftallifation qui donne occafion d'en expofer les principaux phénoménes & d'expliquer leur caufe.

On prouve par l'expérience

que les terres calcinables diſſo-
lubles pour les acides & nommées à cauſe de cela abſorbantes
ou Alkalines étant très-diverſi-
fiées entre elles, forment auſſi a-
vec l'acide vitriolique une infinité de ſels neutres à baſe ter-
reuſe différens les uns des autres.

On en prend occaſion de parler des différentes eſpeces de
Gypſes, de Talcs, de Selenites,
de matieres alumineuſes, qu'on
met ſous les yeux des Auditeurs,
& on fait des expériences tendantes à découvrir les propriétés des principales de ces ſubſtances, & en particulier ſur les
Aluns, les Gypſes ou Plâtres,
les Argilles, les Marnes, &c.
dont on examine les phénomenes, ce qui prouve combien la
Chymie eſt néceſſaire pour acquérir des notions juſtes ſur l'Hiſtoire naturelle.

VIII.

Sur les Sels alkalis fixes.

L'union de l'acide vitriolique avec les matieres terreuses auxquelles il communique les propriétés falines , donne occafion de parler des fubftances falines nommées Sels alkalis fixes ou alkalis falins : on tâche d'expliquer la production & la nature de ces matieres falines d'après l'examen de leurs propriétés.

On reconnoît par l'expérience leur faveur , leur pefanteur, leurs effets fur certaines couleurs bleues.

Leur deliquefcence occafionnée par l'humidité de l'air, leur déficcation.

Leur fufion par le grand feu.

Leur décompofition par les folutions, déficcations, calcinations réitérées.

Leur

Leur action fur les terres tant calcinables que vitrifiables au grand feu.

On fait *le Liquor filicum.*

On compofe différentes efpeces de verres, & l'on explique les fondemens de l'art de la Verrerie.

La combinaifon de l'alkali fixe avec l'acide vitriolique, d'où naît un fel neutre parfait, préfente des phénomenes importans qui font examinés avec exactitude.

La décompofition des fels neutres vitrioliques à bafe terreufe par l'alkali fixe, la précipitation de ces terres, & le nouveau fel neutre qui réfulte, fourniffent le premier exemple d'affinités de différentes forces, ou de celles qui occafionnent en même-tems une décompofition & une nouvelle combinaifon.

C

I X.

Sur le Soufre.

La décompofition d'un fel neutre vitriolique à bafe faline par l'intermede du Phlogiftique fuivant le procédé de M. Stahl fournit un nouvel exemple de cette forte d'affinité.

Le foufre qui eft le produit de cette opération eft examiné dans un grand détail.

Les phénoménes que ce compofé préfente avec l'eau, avec le feu, avec l'acide, avec les terres, avec l'alkali ; les propriétés du foye de foufre, l'analyfe du foufre, l'efprit de foufre, la production & les propriétés de l'efprit fulphureux volatil fournissent matiere a de nombreufes expériences, & font voir l'application de beaucoup de principes généraux.

On examine les propriétés de cet acide altéré, rélativement à tous les corps fur lefquels on a déja acquis des connoiffances, & elles conduifent naturellement à parler des autres acides moins fimples & premierement de l'acide nitreux.

X.

Sur l'Acide nitreux & fur le Nitre.

On s'affure d'abord de toutes les propriétés générales falines & acides de l'acide nitreux par les mêmes expériences qui ont fait connoître celles de l'acide vitriolique.

On fait enfuite celles qui fervent à démontrer les propriétés qui lui font particulieres, & qui le diftinguent dans l'acide vitriolique.

On reconnoît fa plus grande volatilité, fon odeur, fa faveur, fa couleur & fa pefanteur.

Son action fur les terres abforbantes ou alkalines ; les fels neutres qui en réfultent ; les phénoménes qui accompagnent la diffolution qu'il en fait , leur déficcation , leur déliquefcence.

On recherche la caufe de cette
déliquefcence, & de celles de tou-
toutes les matieres falines en gé-
néral qui ont cette propriété.

On fait la décompofition des
fels nitreux à bafe terreufe par
l'alkali fixe , de laquelle réfulte
un nitre parfait.

On examine la cryftalifation
de ce fel , & les phénoménes de
fa diffolution par l'eau.

On en fait la décompofition
par l'acide vitriolique , & la
diftillation de l'efprit de ni-
tre.fumant, ce qui conftate le dégré d'affinité des acides vitrioliques & nitreux avec les fels alkalis.

La décompofition du nitre par l'intermede du Phlogiftique des charbons à l'air libre & dans des vaiffeaux clos, fournit des obfervations importantes.

On retrouve dans le nitre fixé ou plutôt décompofé le fel alkali qui lui fervoit de bafe, on reconnoît toutes fes propriétés par les épreuves convenables.

L'opération du *Cliffus* de nitre démontre la deftruction totale de l'acide nitreux, & fournit une nouvelle preuve de la théorie établie fur les élémens des matieres falines.

La détonnation du nitre par le Phlogiftique du foufre, démontre auffi plufieurs des propriétés de ces deux matieres.

Le mélange du nitre, du charbon, & du foufre formant la poudre à canon ; on en examine avec foin toutes les propriétés, ce qui amene des détails curieux & intéreſſans, ſur les proportions, & les qualités que doivent avoir ces trois ſubſtances pour produire le plus grand effet poſſible dans l'artillerie & les feux d'artifice.

On termine l'hiſtoire du nitre par l'analyſe des plâtres ou terres nitraires, par la deſcription du travail des Salpêtriers, & l'extraction du nitre ou ſalpêtre.

X I.

Sur l'Acide & le Sel marin.

L'extraction & la purification du nitre fait découvrir un autre ſel dont la cryſtaliſation, la diſſolubité par l'eau, la ſaveur, en un mot toutes les propriétés ſont différentes de celles du nitre, ce qui conduit naturellement à examiner cette nouvelle matiere ſaline qui ſe trouve entierement ſemblable au ſel que contient l'eau de la mer, & qui par cette

raison est connu sous le nom de
sel marin.

On s'assure que l'acide vitriolique décompose le sel marin &
en dégage un nouvel acide, &
donne l'esprit de sel fumant,
dont on examine les propriétés
en le soumettant aux mêmes expériences qu'on a employées pour
reconnoître celles des autres acides.

L'examen que l'on fait de la
masse saline résultante de la décomposition du sel marin par l'intermede de l'acide vitriolique,
fait découvrir un nouveau sel
neutre different par sa cristalisa-
tion, sa dissolubilité & par plusieurs autres propriétés, de ceux
qui résultent de l'union de l'acide vitriolique avec les terres absorbantes, & l'alkali fixe. Ce
nouveau sel est connu sous le
nom de sel de glauber.

On fait aussi la décomposition

du sel marin, & la distillation de
son acide par l'intermede de l'a-
cide nitreux, l'examen de la matiere saline qui reste après cette
décomposition fait découvrir encore un nouveau sel neutre diffé-
rant aussi de ceux qui sont formés de l'union de l'acide nitreux
avec les terres absorbantes ou alkali fixe.

On examine soigneusement toutes les propriétés de ce sel, elles
constatent que la base du sel marin qui est devenue la sienne, est
un alkali différent des pures terres absorbantes, & des alkalis fixes, & d'une nature particuliere.

On examine les propriétés du
sel marin avec le phlogistique ;
& on fait différentes expériences
tendantes à décomposer le sel par
cet intermede , à combiner son
acide avec la matiere inflammable de laquelle doit résulter un
soufre d'une nature particuliere.

On

On renvoie à l'analyſe des matieres animales, pour des raiſons
qu'on explique, la compoſition
de ce nouveau ſoufre connu ſous
le nom de Phoſphore : mais on en
reconnoît les propriétés par des
expériences qui prouvent qu'il
entre dans ſa compoſition un a-
cide marin & du Phlogiſtique.
On joint auſſi à ſon analyſe différentes expériences curieuſes qui
ſe font avec le Phoſphore.

On finit l'article du ſel marin
par l'analyſe de l'eau de la mer,
l'hiſtoire des ſalines, des marais
ſalans, des puits & des fontaines
ſalées.

X I I.

Sur le Borax, & ſur le Sel ſédatif.

On reconnoît par l'expérience
les propriétés du Borax, comme
on a reconnu celles des autres
matieres ſalines, ſa qualité vi-

trefcible & vitrifiante fournit matiere à différentes expériences de
vitrification.

On fait la décompofition du
Borax avec tous les acides qui
en féparent, foit par fublimation,
foit par cryftalifation une autre
matiere faline d'une nature finguliere connue fous le nom de
fel fédatif ; on fait un examen
particulier de ce fel & des fels
neutres qui réfultent de la décompofition du Borax par les différens acides ; les expériences que
l'on fait à ce fujet démontrent
de quelle nature eft la bafe alka-
line du Borax, elle fe trouve entierement femblable à celle du
fel marin.

X I I I.

Sur les fubftances Métalliques,
& fur l'Or.

Après avoir expofé les pro-

priétés générales auxquelles on
doit reconnoître toutes les fubftances métalliques, & les avoir
divifées en métaux parfaits, métaux imparfaits, & demi métaux,
on paffe à l'examen de l'or.

On reconnoît fa ductilité, fa
pefanteur, fon opacité, fa fufibilité, fon indeftructibilité par la
violence du plus grand feu auquel on l'expofe.

On le foumet fucceffivement
à l'action des acides vitriolique,
nitreux & marin qui ne lui cau-
fent féparément aucune altération.

Mais on reconnoît que ces
deux derniers mêlés enfemble,
(mélange que l'on appelle Eau
Régale) diffolvent parfaitement
ce métal, & forment avec lui une
nouvelle combinaifon qui eft le
premier exemple des fels neutres
à bafe métallique.

On fait la décompofition de ce

fel par l'intermede des terres abforbantes, & des Alkalis fixes
qui s'uniffent avec les acides &
en féparent l'or fous la forme
d'une chaux, & de laquelle on
déduit les affinités de toutes ces
fubftances avec les acides.

On fait un examen particulier
de l'or précipité par l'alkali fixe,
& des phénoménes furprenans
de l'or fulminant.

On enleve à l'or cette qualité
fulminante par différens moyens
qui fourniffent des idées fur la
caufe de fa fulmination.

On foumet cet or à la fufion,
& on le retrouve tel qu'il étoit
avant fa diffolution & fa précipitation, fans altération ni diminution de poids.

On expofe l'or à l'action du
foufre & de l'alkali fixe féparément & l'on trouve que ces agens
ne peuvent le diffoudre & n'ont
aucune prife fur lui.

Mais en les réuniſſant ſous la forme de foie de ſoufre ils deviennent capables de diſſoudre l'or parfaitement.

Cette nouvelle diſſolution de l'or fournit matiere à pluſieurs expériences ; on en ſépare l'or qui ſe retrouve de même qu'après ſa diſſolution & précipitation de l'eau régale n'avoir ſouffert aucune altération ni diminution.

X I V.

Sur l'Argent.

On fait ſur l'argent toutes les mêmes expériences que l'on a faites ſur l'or pour conſtater ſes qualités de métal parfait, & ſon indeſtructibilité.

On examine ſes propriétes avec tous les corps ſur leſquels on a déjà des connoiſſances.

Les expériences que l'on fait à

ce sujet démontrent que l'action des acides sur ce métal est bien différente de celle qu'ils ont sur l'or.

La facilité avec laquelle l'acide nitreux en particulier dissout l'argent, fournit un moyen sûr & facile de le séparer d'avec l'or.

On fait l'opération du départ, dont on examine les phénoménes & dont on explique les causes & les regles.

On examine la dissolution d'argent par l'acide nitreux qui fournit un nouveau sel à base métallique susceptible de crystalisation, de fusion, &c. & l'on reconnoît les propriétés des crystaux de Lune & de la Pierre infernale.

La précipitation de l'argent dissous par l'acide nitreux qui se fait par l'addition du sel marin, présente le premier exemple d'une double affinité, c'est-à-dire, de celles qui produisent en même-

tems deux décompofitions, &
deux combinaifons nouvelles.

Cette même précipitation qui
produit la Lune cornée démontre
l'affinité de l'acide marin avec
l'argent & indique un nouveau
moyen de le féparer d'avec l'or:

On effectue cette féparation
par l'opération du Cément royal.

On examine les propriétés de
la Lune cornée, & on la réduit
en argent fin.

On fait auffi la féparation de
l'argent d'avec l'acide nitreux par
l'intermede de l'acide vitriolique,
& l'on examine le nouveau fel
métallique qui en réfulte.

X V.

Sur le Cuivre.

L'examen de toutes les propriétés du cuivre, & fa combinaifon
avec toutes les matieres fur lefquelles on a déja des connoiffan-

ces, fournit le sujet d'un grand nombre d'expériences intéref-santes.

On s'arrête particulierement à la calcination de ce métal par l'action du feu, parcequ'elle four-nit le premier exemple de la dé-composition d'un métal.

On fait la réduction de la chaux de cuivre restante après cette o-pération en lui rendant le Phlo-gistique , & on revivifie cette chaux en cuivre parfait , tel qu'il étoit avant sa décomposition, ce qui fournit aussi le premier exem-ple de la véritable réduction d'un métal.

On tire de ces expériences fondamentales des connoissances importantes sur la nature & les principes des corps métalliques.

La dissolution du cuivre par tous les acides , & l'examen des sels métalliques qui en résultent présente une grande quantité de

Phénoménes nouveaux & intéreſſans.

La ſéparation de l'argent d'a-
vec l'acide nitreux que l'on opere
par l'intermede du cuivre, conſ-
tate le degré d'affinité de ces
métaux avec cet acide.

L'examen du cuivre que l'on
ſépare d'avec les acides & qui
ſe trouve comme calciné & pri-
vé d'une partie de ſon Phlogiſtique, de même que la réduction
de cette chaux établiſſent de nouvelles vérités fondamentales, tant
ſur la cauſe de l'action des acides,
ſur les ſubſtances métalliques, que
ſur la nature de ces mêmes ſubſtances.

On termine l'article du cuivre
par différens alliages que l'on fait
de ce métal avec l'or & avec l'argent.

XVI.

Sur l'Etain.

On fait fur l'Etain toutes les mêmes expériences que l'on a faites fur le cuivre, elles confirment les mêmes vérités & en prouvent plufieurs nouvelles, comme :

La différence effentielle des diverfes terres métalliques quant à leur couleur, à leur pefanteur, à leur fufibilité, à leur réductibilité.

Ces mêmes expériences fourniffent matiere à des opérations très-curieufes & très-intéreffantes pour les arts, comme :

La chaux d'étain nommée potée qui eft d'un fi grand ufage pour polir, la diffolution d'étain par l'eau régale néceffaire pour la belle teinture de cochenille qui donne la couleur de feu ou l'écarlate, & avec laquelle on fait auffi le carmen & les belles laques rouges pour la peinture.

Le précipité d'or couleur de pourpre de *Caffius*.

On finit l'article de l'étain en faifant divers alliages de ce métal avec les autres métaux déja connus ;

Et principalement avec le cuivre avec lequel il forme un métal mixte nommé Bronze ou Airain d'un grand ufage pour plufieurs arts puifqu'il eft la matiere des cloches , des canons, des mortiers , des ftatues , &c. on fait auffi l'étamage du cuivre qui le préferve du verd de gris.

X V I I.

Sur le Fer.

Pour éviter de rapporter inutilement un détail d'expériences déja fuffifamment expofé , on fe côntente de dire ici que ces expériences générales feront répétées, conformément au plan commencé, fur toutes les matieres métalliques dont il refte encore à parler, & on n'indiquera déformais que celles qui font particulieres à chaque corps métallique.

On examine la vertu magnetique du fer qui fert à le faire découvrir & même à le féparer de certains mélanges où il fe trouve.

Toutes les différentes efpeces de fafran de Mars, & fur-tout ceux qui font d'ufage dans la Médecine & dans les Arts.

On fait la converfion du fer en acier, dont la théorie fournit encore de nouvelles lumieres fur la nature des métaux.

La diffolution du fer dans l'alkali pur, fuivant le procédé de M. Stahl.

L'opération du bleu de Pruffe, dont on explique la théorie que l'on confirme par fon analyfe.

La féparation du cuivre fous fa forme métallique d'avec les acides par l'intermede du fer. Opération fondamentale qui conftate les affinités de ces métaux avec les acides & donne de nouvelles connoiffances fur les propriétés des acides, du Phlogiftique, & des métaux.

On finit par différens alliages du fer avec les autres métaux & par l'opération du fer blanc.

X V I I I.

Sur le Plomb.

Entre les expériences qu'on fait fur le plomb, comme fur toutes les autres fubftances métalliques, on fait une attention particuliere à la vitrification de fa chaux.

Opération fondamentale, premier exemple de la vitrification d'une terre métallique.

On reconnoît par l'expérience la qualité non-feulement très-vitrefcible, mais auffi très-vitrifiante de la terre du plomb fur laquelle eft fondé tout l'art de l'affinage de l'or & de l'argent.

On fait l'opération de la coupelle par laquelle on fépare l'or & l'argent de l'alliage de tous les autres métaux, & on les met au dernier degré de fin.

On vitrifie différentes matieres par la chaux de plomb, & fingulierement la chaux d'étain trés-réfraétaire lorfqu'elle eft feule.

Les diffolutions du plomb par les acides fourniffent l'expérience des criftaux de Saturne, ou du nitre qui a le plomb pour bafe qu'on fait fulminer feul & fans addition.

La précipitation du plomb diffous dans l'acide nitreux en plomb corné par l'intermede du fel marin ou de fon acide, & la réduction du plomb corné.

La féparation du plomb d'avec l'acide nitreux par l'eau feule.

X I X.

Sur le Mercure.

On fait fur le Mercure l'opération du précipité *per fe* & fa réduction.

Les amalgames avec les métaux, & fur-tout avec l'or, l'argent, & l'étain, à caufe de l'ufage des deux premieres dans le travail des mines d'or, de la dorure, & de la derniere pour l'étamage des glaces.

La féparation du Mercure d'avec ces métaux.

La diffolution du Mercure par tous les acides qui fournit un grand nombre de préparations importantes dans la Médecine, telles que le turbith minéral, l'eau mercurielle, le précipité rouge,

les précipités blancs, les fublimés corrofifs, l'Aquila alba, ou
mercure doux, la panacée mercurielle, &c. & démontre en
même-tems beaucoup de vérités
effentielles dans la Chymie.

La décompofition des combinaifons de mercure avec les acides, & fur-tout de celles avec
l'acide marin par l'intermede de
plufieurs métaux qui établit plufieurs affinités, & la propriété
qu'a l'acide marin de volatilifer
les fubftances métalliques, propriété qui fe démontre fur-tout
par l'opération de la liqueur fu-
mante de *Libavius*.

La combinaifon du mercure
avec le foufre, les *æthiops*, le
cinnabre. La révivification du
mercure du cinnabre pour l'a-
voir dans fa plus grande pureté.

X X.

X X.

Sur le Regule d'Antimoine,
& sur l'Antimoine.

L'examen du Régule d'antimoine fournit le premier exemple d'un corps métallique qui n'a point de ductilité, c'est-à-dire, de ceux qu'on appelle demi-métaux.

On le sublime en fleurs sans addition pour en faire voir la volatilité.

On fait la chaux de régule d'antimoine, & la vitrification de cette chaux.

On les réduit en régule en leur rendant le principe inflammable.

La combinaison du régule d'antimoine avec les différens acides fournit un grand nombre de phénoménes importans, sur-tout celle avec l'acide marin qui produit le beurre d'antimoine.

On fait cette opération par le sublimé corrosif & par les métaux cornés.

La décomposition réciproque du nitre & du régule d'antimoine l'un par l'autre. D'où résultent les chaux blanches d'antimoine nommées, Antimoine diaphorétique, & matiere perlée.

La combinaison du régule d'antimoine avec le soufre qui forme l'antimoine artificiel.

La décomposition de l'antimoine, ou la séparation du régule d'avec le soufre par le nitre, par le fer, par le cuivre & par d'autres métaux.

Différens alliages de l'antimoine & de son régule avec les métaux.

La purification de l'or par l'antimoine fondée sur la *rapacité* de ce demi-métal, dont cette opération intéressante fournit un exemple frappant.

On termine cet article par plufieurs autres opérations importantes telles que celle du foye &
du foufre doré d'antimoine, du
kermès minéral par la voie feche
& par la voie humide, du cinnabre d'antimoine, &c.

X X I.

Sur le Bifmuth.

On démontre par les opérations & expériences qui fe font
fur le Bifmuth :

Ses propriétés de demi-métal,

Sa reffemblance avec le plomb
par fa calcination, fa vitrification,
fes qualités vitrifiantes & fcori-
fiantes.

On fait l'affinage de l'or & de
l'argent par la coupelle avec le
bifmuth.

Sa diffolution par les acides &
fes précipités, de même que fes

alliages avec les autres corps métalliques préfentent beaucoup de
phénoménes intéreffans.

X X I I.

Sur le Zinc.

Dans le nombre des opérations
qu'on fait fur le zinc, les plus
particulieres à ce demi-métal font
l'inflammation de fon phlogiftique, qui rend ce principe des métaux fenfible aux yeux.

La production des fleurs de
zinc, leur fixité, la difficulté qu'il
y a à les réduire, leur diffolubi-
lité par les acides, leur vitrefci-
bilité, font des phénoménes qu'on
examine avec attention, à caufe
des nouvelles connoiffances qu'ils
donnent fur la nature des fubftances métalliques. On examine
auffi la calcination du zinc fans
inflammation, la nature de la
chaux qui réfulte de cette opéra-

tion, les reſſemblances du zinc avec l'étain.

On fait différens alliages de ce demi métal avec les autres matieres métalliques.

On examine en particulier ſes combinaiſons avec le cuivre, à cauſe de la propriété remarquable qu'il a de s'allier en aſſez grande proportion avec ce métal, ſans lui faire perdre ſa ductilité, & des uſages que l'on fait dans les arts, de ces alliages qui produiſent le léton ou cuivre jaune, les ſimilors, les tombacs, &c.

XXIII.

Sur le Régule d'Arſenic, & ſur l'Arſenic.

Les propriétés, moitié métalliques, moitié ſalines, de cette ſubſtance ſinguliere fourniſſent matiere à un grand nombre d'expériences & d'opérations intéressantes qui lui sont particulieres.

On fait la calcination du ré-gule d'arsenic en une chaux blan-che crystaline, volatile, disso-luble dans l'eau pure; exemple unique d'une chaux métallique, volatile & saline.

La décomposition du nitre par l'arsenic dans les vaisseaux ou-verts, d'ou résulte un sel alkali tenant de l'arsenic.

La même décomposition dans les vaisseaux fermés, de laquelle on retire l'eau forte bleue.

Le nouveau sel arsenical sus-ceptible de crystalisation en for-me réguliere & constante, facile-ment dissoluble dans l'eau, ne s'humectant point à l'air, ne se décomposant point par la seule action du feu sans intermede, en un mot, possédant toutes les pro-priétés d'un sel neutre parfait, dans lequel l'arsenic fait toutes les fonctions du principe acide.

On fait la décompofition de ce fel neutre par intermede du Phlogiftique & de toutes les fubftances métalliques diffoutes par les acides, où l'on remarque encore d'une maniere bien fenfible le jeu des doubles affinités.

On donne à la chaux de régule d'arfenic ou à l'arfenic blanc la forme métallique en la combinant avec la matiere inflammable.

On fait différens alliages de l'arfenic avec les métaux & demi-métaux, & particulierement ceux qui fervent aux arts tels que le cuivre blanc, les compofitions qui fervent pour les miroirs de Télefcopes, les miroirs brûlans, &c.

X X I V.

Sur la Docimafie, fur le travail des Mines, & fur l'analyfe des Eaux minérales.

Lorfqu'on eft inftruit des propriétés de toutes les matieres dont il a été fait mention jusqu'à préfent on eſt en état de ſuivre un travail éclairé, méthodique & raiſonné ſur l'analyſe des corps beaucoup plus compoſés que nous offre la nature, tels que ſont les minéraux, les pyrites ou marcaſſites, &c.

Tous ces corps étant formés par la réunion de pluſieurs eſpeces de terres & de pierres, de métaux, de demi-métaux, de ſoufre, d'arſenic ; la docimaſie apprend à en faire une décompoſition & une analyſe exacte pour avoir ſeule & pure la ſubſtance qu'on veut en retirer, on fait pour cela

Le lavage d'une mine broyée qui procure une premiere ſéparation des matieres purement terreuſes ou pierreuſes d'avec celles qui ſont métalliques. Opération fondée ſur la plus grande péſanteur de ces dernieres.

La

La torrefaction d'une mine par laquelle on sépare en tout ou en partie, le soufre, l'arsenic, les demi-métaux d'avec les métaux plus parfaits; opération fondée sur la volatilité de ces premieres subftances, & fur la fixité des dernieres.

La fonte & la scorification par laquelle on raffemble en un culot la matiere métallique la plus pure après avoir fait les mélanges & additions convenables en conféquence des affinités connues pour abforber les matieres fulphureufes, arfénicales, &c. vitrifier ou fcorifier les matieres pierreufes, terreufes, &c. que les premieres opérations n'ont pu féparer, & donner à la terre métallique le phlogiftique dont elle a befoin.

Enfin, on fait le rafinage qui par de nouvelles fufions & de nouvelles additions, fi elles font néceffaires, fépare les unes des autres les matieres métalliques affez parfaites pour avoir réfifté aux opérations précédentes.

On fait toutes ces opérations fur différentes mines d'or , d'argent, de cuivre, de mercure, &c.

On fait auffi l'analyfe des pyrites fulphureufes, arfénicales, vitrioliques, alumineufes, par laquelle on en retire le foufre, l'arfenic , les vitriols, les aluns.

On fait différentes expériences curieufes fur les pierres précieufes artificielles de différentes couleurs que l'on compofe en fondant des terres métalliques avec des criftaux , &c. On parle des travaux en grand de la métallurgie.

On termine cet article par l'analyfe des eaux minérales dont on donne différens exemples : on établit des regles pour reconnoître les dégrés de pureté des différentes eaux , & les matieres ter-

reufes, falines, fpiritueufes, métalliques qu'elles contiennent.

X X V.

Sur l'analyſe des matieres végétales.

De l'analyſe des minéraux compoſés on paſſe à celle des matieres végétales qui le font encore
plus.

On examine d'abord les plantes telles qu'elles font dans leur
état naturel avant qu'elles aient
fubi aucune altération.

On fépare des plantes fans le
fecours du feu, & par la feule
expreſſion, un fuc chargé de tous
leurs principes, & feulement fépa-
ré de leurs parties les plus grof-
fieres & les plus terreufes.

La faveur & quelques autres
propriétés de ce fuc indiquant
qu'il contient des matieres falines.

On le met à criftalifer, & on

obtient par ce moyen des fels nommés fels effentiels.

On examine les propriétés de ces nouveaux fels ; & les expériences que l'on fait à ce fujet démontrent qu'ils different de tous les fels minéraux, principalement parcequ'ils font chargés d'une matiere inflammable : mais avant de poulfer plus loin leur examen, on continue de retirer par la feule expreffion quelques autres principes des matieres végétales.

On choifit pour cela celles qui font le plus inflammables, telles que les graines & les femences.

On en retire , après les avoir écrafées & comprimées, une liqueur onctueufe & inflammable nommée huile.

X X V I.

Sur les Huiles tirées par expression, & sur les substances qu'on retire des Plantes sans le secours du feu.

Les phénoménes observés sur les sels essentiels des plantes indiquant principalement que c'est à l'huile qu'ils contiennent qu'on doit attribuer les principales propriétés qui les font différer des sels tirés des matieres minérales ; on fait un examen particulier de ce principe, qui d'ailleurs entre dans la combinaison de toutes les matieres végétales.

Après avoir expliqué la nature de l'huile, & avoir indiqué les propriétés générales qui conviennent à toutes les huiles, on prouve cette théorie par toutes les expériences qui forment l'analyse des végétaux.

On reconnoît d'abord par l'expérience les différences qu'il y a entre l'huile proprement dite & le phlogiftique : elles prouvent que l'huile eft beaucoup plus compofée, & que ce dernier beaucoup plus fimple eft lui-même un des principes de l'huile.

On examine les phénoménes que préfente l'action du feu fur l'huile, tant dans la combuftion que dans la diftillation.

On fait la combinaifon de l'huile avec les principales fubftances falines, telles que les acides & les alkalis.

L'examen des propriétés de ces nouvelles combinaifons fournit un grand nombre d'obfervations importantes & fondamentales qui donnent beaucoup de lumieres tant fur la nature des fels que fur celle des huiles, & qui fourniffent auffi des connoiffances préliminaires fur la nature

des matieres huileuses concretes,
& sur celles des savons ou matieres savoneuses, dont sont presque entierement composés tous
les végétaux.

On examine l'action des huiles
sur plusieurs substances métalliques, & on déduit les phénoménes qu'elle présente des théories déja établies.

On termine cet article par l'e-
xamen de quelques substances
qu'on retire des végétaux par la
trituration avec l'eau, telles que
la matiere des extraits, & celle
des émulsions.

X X V I I.

Sur les Huiles essentielles des Plan-
tes, & sur les substances qu'on
en retire à la chaleur de l'eau
bouillante.

On continue l'analyse des plantes en les exposant à une chaleur

graduée depuis la plus douce jufqu’à la plus violente.

On retire d’abord des plantes
aromatiques, à un degré de chaleur moyen entre le terme de la
glace & celui de l’eau bouillante,
leur efprit recteur, ou le principe
de leur odeur.

On expofe des plantes de la
même efpece à la chaleur de l’eau
bouillante, & on en retire une
nouvelle efpece d’huile plus lé-
gere, & chargée du principe
odorant.

On fait fur ces huiles, nommées
effentielles, les mêmes expériences que fur les précédentes,& l’on
en déduit les raifons de la reffemblance & de la différence de ces
deux efpeces d’huiles.

Ces expériences préfentent le
phénoméne furprenant de l’inflammation des huiles par les acides concentrés, dont on donne
l’explication.

La combinaison des huiles avec le soufre miné.al, & la décomposition de cette combinaison, dont on retire des connoissances qui confirment les théories établies sur la nature du soufre & sur celle des huiles.

On termine cet article par l'examen de quelques matieres huileuses concretes qu'on retire par la décoction, & par celui de la matiere des infusions, décoctions & extraits des plantes.

XXVIII.

Sur les Huiles empyreumatiques, les acides, & les charbons des Plantes.

On continue l'analyse des plantes à l'acide d'une chaleur toujours de plus en plus forte.

On examine les produits de cette distillation, qui sont,

1°. Une huile brûlée à laquelle

on reconnoît les mêmes propriétés qu'aux huile par expreſſion
& aux huiles eſſentielles expoſées
au même degré de chaleur.

2°. Un acide ſavoneux dans
lequel les expériences font reconnoître beaucoup de propriétés
ſemblables à celles des acides minéraux combinés avec les huiles.

3°. Une matiere charboneuſe
ſur laquelle on fait différentes expériences qui démontrent que le
charbon n'eſt que du Phlogiſtique adhérant à la terre & à des
ſels fixes des végétaux.

XXIX.

*Sur les ſubſtances qu'on retire des
Plantes par la combuſtion à l'air
libre.*

Après avoir fait l'analyſe des
plantes dans les vaiſſeaux clos,
on examine les principes qu'on
retire par la combuſtion à l'air
libre, ſçavoir :

1°. Les cendres qu'on démontre par l'expérience être compofées de parties falines fixes & de parties terreufes.

On les fépare l'une de l'autre, & l'on fait de chacune d'elles un examen particulier.

2°. La fuie dont on fait l'analyfe, & dans laquelle on retrouve prefque tous les principes des plantes qui ont été fublimés dans la combuftion, & un nouveau fel alkali qui differe de tous les autres en ce qu'il eft volatil.

On reconnoît par différentes expériences quelques-unes des propriétés qui caractérifent cette matiere faline, & l'on en renvoie l'examen détaillé à l'article de la putréfaction & de l'analyfe des matieres animales.

On termine cet article en faifant les fels fixes des plantes à la maniere de *Takenius*, dont les propriétés confirment les théories déja établies fur les principes des plantes.

X X X.

Sur l'analyſe de pluſieurs ſubſtances particulieres du regne végétal.

On ſoumet à l'analyſe pluſieurs matieres végétales particulieres, telles que

Les baumes naturels.

Les réſines de différentes eſpeces.

Les bitumes dans leſquels, quoique minéraux, les expériences font découvrir des principes analogues à ceux des végétaux.

Les concrétions huileuſes de la nature de la cire.

Les matieres mucilagineuſes, gommeuſes, les gommes, & les gommes-réſines.

Les ſucs ſucrés des plantes, qui étant les matieres les plus ſuſceptibles de la fermentation ſpiritueuſe, conduiſent naturellement

à l'hiſtoire de cette fermentation
& à celle de ſes produits.

X X X I.

*Sur la fermentation ſpiritueuſe ,
& ſur les Eſprits ardens.*

On ſoumet à la fermentation
différens ſucs des végétaux. On
décrit & on obſerve exactement tous les phénoménes qui
accompagnent cette importante
opération de l'art & de la nature.

On examine tous les changemens qui ſont arrivés à la liqueur
après que la fermentation eſt
achevée. On ſoumet le vin qui en
réſulte, à l'analyſe, par le moyen
de laquelle on en retire un eſprit
ardent & miſcible avec l'eau.

On rectifie cet eſprit , pour l'a-
voir parfaitement pur & dépouillé
de phlegme.

Après avoir indiqué les principes dont il eſt compoſé , on établit cette théorie ſur un grand

nombre d'expériences , par le
le moyen defquelles on reconnoît
fes propriétés, & on le décom-
pofe.

On le combine avec l'acide
vitriolique ; opération qui fournit
une nouvelle liqueur inflammable
æthérée plus volatile que l'efprit-
de-vin, & moins mifcible avec
l'eau.

On fait beaucoup d'expériences pour reconnoître les propriétés de l'æther. Entre ces propriétés on obferve particuliérement
celle de produire un froid exceffif
par fa feule évaporation.

On fuit dans un grand détail
tous les phénoménes & les produits de la diftillation du mélange
de l'efprit-de-vin avec l'acide vitriolique,dans lequel on retrouve
les principes d'une partie de l'efprit-de-vin décompofé, & l'acide
vitriolique altéré de différentes
manieres par le mélange de ces

mêmes principes.

Le mélange que l'on fait de l'esprit-de-vin avec l'esprit de nitre fumant fournit aussi matiere à beaucoup d'expériences & d'observations importantes : on examine exactement les propriétés de l'æther nitreux qui en résulte ; elles fournissent de nouvelles lumieres sur la nature de l'esprit-de-vin & de l'acide nitreux.

On fait les mêmes expériences & les mêmes recherches sur le mélange de l'esprit de sel fumant avec l'esprit-de-vin :

Sur celui de l'esprit-de-vin avec les alkalis fixes, & sur les altérations qu'éprouvent réciproquement ces deux substances :

Sur la dissolution des matieres huileuses & résineuses par l'esprit-de-vin, & sur les teintures, vernix, eaux spiritueuses, aromatiques, qui en résultent, & dont on donne différens exemples.

XXXXII.

Sur le Tartre.

Le Tartre qu'on peut regarder comme le sel essentiel du vin, fournit matiere à un grand nombre d'expériences & de recherches, par lesquelles on découvre sa nature, & qui démontrent plusieurs vérités générales sur l'origine & les principes des sels essentiels.

On fait la purification du tartre en séparant la plus saline d'avec la terre grossiere.

On combine cet acide concret & huileux, nommé crystal de tartre, avec différentes especes de terres absorbantes de sels alkalis fixes, & de substances métalliques : il résulte de ces combinaisons un grand nombre de composés nouveaux que leurs propriétés rendent très-intéressans tant pour la Médecine que pour la Chymie,

Chymie, tels que sont les tartres solubles, les teintures de Mars, les tartres émétiques, &c.

On termine cet article par l'analyse, la distillation & la combustion du tartre, tant seul qu'avec le nitre, qui acheve de faire connoître cette substance, & fournit de nouvelles lumieres sur la génération des sels alkalis.

X X X I I I.

Sur la fermentation acide, & sur les Vinaigres.

On décrit & on observe les phénoménes de la fermentation acide, comme on a fait ceux de la fermentation spiritueuse : on examine avec soin le produit de cette nouvelle fermentation qui procure le changement de l'esprit ardent en acide.

Les combinaisons du vinaigre avec tous les corps qu'il peut dissoudre, principalement avec les terres abforbantes, les fels alkalis, les fubftances métalliques, & la décompofition de ces compofés, fourniffent la matiere d'un grand nombre d'expériences inftructives fur la nature des acides végétaux, & des vues pour les réduire par la purification & la concentration à leur qualité primitive d'acide minéral.

On examine en particulier plufieurs produits de ces expériences qui font d'un grand ufage dans les arts ou dans la Médecine, tels que les terres foliées, le verd-de-gris, les cryftaux de vénus, le vinaigre radical, la cérufe, le blanc de plomb, le fucre de faturne, le vinaigre de faturne, &c.

On termine cet article par la diftillation & l'analyfe du vinaigre.

X X X I V.

Sur la fermentation putride, sur les Alkalis volatils, & sur les Sels ammoniacaux.

On soumet à la putréfaction différentes matieres végétales: on examine tous les phénoménes de cette nouvelle espece, ou de ce dernier dégré de fermentation.

On fait l'analyse des substances qui l'ont éprouvée ; & l'alkali volatil qui en est le produit devient le sujet d'un grand nombre d'expériences qui font connoître la nature & les principes de cette substance saline.

On fait la rectification des alkalis volatils, pour en séparer les parties huileuses surabondantes.

Leur combinaison avec tous les acides fournit un grand nombre de sels neutres ammoniacaux qui deviennent le sujet de beaucoup d'expériences intéressantes.

On fait la décompofition du fel ammoniac par la chaux , par les terres abforbantes, & par les fels alkalis fixes :

Par les matieres métalliques, & en particulier par le mercure, opération qui fournit une diffolution finguliere de mercure dans l'acide marin dont on examine les propriétés.

On fait la diffolution de plufieurs métaux & demi - métaux dans l'alkali volatil pur.

On combine différentes huiles avec l'alkali volatil, & l'on examine les favons qui en réfultent, & en particulier l'eau de Luce.

On termine cet article par l'analyfe des matieres végétales qui fourniffent de l'alkali volatil.

X X X V.

Sur l'analyfe des matieres animales.

On commence cette analyfe par l'examen du lait, parcequ'il eft de toutes les fubftances qui appartiennent au regne animal celle qui reffemble le plus aux matieres végétales.

Un commencement de fermentation faifant une forte d'analyfe fpontanée du lait, & le féparant en parties butireufes, caféeufes & féreufes, on foumet à une décompofition ultérieure chacun de ces principes du lait.

On fait les mêmes expériences fur le lait de différentes efpeces d'animaux, pour comparer enfemble fingulierement le lait des animaux carnaciers avec celui des granivores.

On foumet enfuite à des analyfes exactes les différentes parties tant folides que fluides qui compofent le corps des animaux, telles que le fang, la lymphe, la chair, la graiffe, la moëlle, les os, &c. celles qui fervent à la digeftion, & celles qui en font le réfultat, telles que la falive, le fuc pancréatique, la bile, le chile, celles qui fervent à la génération comme les œufs, &c.

Enfin les différens excrémens comme l'urine, dont on retire le phofphore, les matieres fécales dont on retire des pyrophores, &c.

Les analyfes de toutes ces matieres faifant connoître tous les changemens & altérations qu'ont fubis les matieres falines, huileufes, mucilagineufes, des végétaux, pour être animalifées, fourniffent de grandes lumieres fur l'œconomie animale, fur la nature des liqueurs & les fonctions des organes du corps des animaux, fur la Pathologie, ou le dérangement de l'œconomie animale, &c.

Après toutes les connoiffances préliminaires qu'on a puifées dans le Cours de Chymie, on eft

en état de fuivre avec fuccès un
Cours de Pharmacie dans lequel
on fait les préparations & les
mixtions des médicamens de toute efpece, dont on s'attache fingulierement à expliquer & à faire
entendre les vertus. *

---

   *Nota. Il s'en faut bien qu'on ait ex-
pofé dans le Plan de ce Cours toutes les
opérations & expériences qu'on fe propofe
de faire. On vouloit feulement en donner
une idée générale & fommaire ; & ce
détail auroit été infiniment trop long. On
fe contente d'ajouter ici, que comme tous
les corps de la nature fe reffemblent par
un nombre plus ou moins grand de propriétés communes, on fera toutes les expériences fondamentales qui conflatent ces
propriétés générales, lefquelles s'étendent
à tout, & fervent de principes pour lier
enfemble les phénoménes de la Chymie.
Mais, d'un autre côté, comme dans la
nature tout eft en quelque forte individu,
que les productions fans nombre qu'elle
nous offre different auffi les unes des autres, par des propriétés qui font particulieres à chacune, & qu'il feroit impoffi-

ble de s'occuper de ce nombre infini d'objets ; on en choisira une certaine quantité qu'on examinera avec attention ; &
pour multiplier le plus qu'il sera possible
ces connoissances de détail, on fera en-
sorte de varier ces analyses particulieres
dans chaque Cours. Par exemple, si l'on
a commencé, en parlant des terres & des
pierres, par examiner l'argile, la pierre
à chaux, les cailloux d'un Pays, on
examinera dans un autre Cours les productions du même genre d'un autre Pays;
de même, dans le regne végétal, au
lieu de recommencer, dans un second
Cours, l'examen de l'oseille, du roma-
rin, du cresson, qu'on aura fait dans le
premier, on fera l'analyse de la patience,
de la sauge, du coclearia, &c. Il en
sera de même pour les animaux. Par ce
moyen, en retrouvant dans chaque Cours
toujours le même fonds de doctrine, &
les mêmes principes généraux, on y ac-
querra de plus de nouvelles connoissances
de détail qui sont toujours utiles & intéressantes.

FIN.

www.ingramcontent.com/pod-product-compliance
Lightning Source LLC
LaVergne TN
LVHW012305170726
843503LV00002B/628